수학과 교육과정에서 초등학교 수학 내용은 '수와 연산', '도형', '측정', '규칙성', '자료와 가능성'의 5개 영역으로 구성되는데, 우리가 이 교재에서 다룰 영역은 '도형·측정'입니다.

'도형' 영역에서는 평면도형과 입체도형의 개념, 구성요소, 성질과 공간감각을 다룹니다. 평면도형이나 입체도형의 개념과 성질에 대한 이해는 실생활 문제를 해결하는 데 기초가 되며, 수학의 다른 영역의 개념과 밀접하게 관련되어 있습니다. 또한 도형을 다루는 경험으로부터 비롯되는 공간감각은 수학적 소양을 기르는 데 도움이 됩니다.

'측정' 영역에서는 시간, 길이, 들이, 무게, 각도, 넓이, 부피 등 다양한 속성의 측정과 어림을 다룹니다. 우리 생활 주변의 측정 과정에서 경험하는 양의 비교, 측정, 어림은 수학 학습을 통해 길러야 할 중요한 기능이고, 이는 실생활이나 타 교과의 학습에서 유용하게 활용되며, 또한 측정을 통해 길러지는 양감은 수학적 소양을 기르는 데 도움이 됩니다.

이 책의 특징

1. 부족한 부분에 대한 집중 연습이 가능

도형·측정 영역은 직관적으로 쉽다고 느끼는 아이들도 있지만, 많은 아이들이 수·연산 영역에 비해 많이 어려워합니다.

길이, 무게, 넓이 등의 여러 속성을 비교하거나 어림해야 할 때는 섬세한 양감능력이 필요하고, 입체도형의 겉넓이나 부피를 구해야 할 때는 도형의 속성, 전개도의 이해는 물론 계산능력까지도 필요합니다. 도형을 돌리거나 뒤집는 대칭이동을 알아볼 때는 실제 해본 경험을 토대로 하여 형성된 추론능력이 필요하기도 합니다.

다른 여러 영역에 비해 도형·측정 영역은 이렇게 종합적이고 논리적인 사고와 직관력을 동시에 필요로 하기 때문에 문제 상황에 익숙해지기까지는 당황스러울 수밖에 없습니다. 하지만 절대 걱정할 필요가 없습니다.

기초부터 차근차근 쌓아 올라가야만 다른 단계로의 확장이 가능한 수·연산 등 다른 영역과 달리, 도형·측정 영역은 각각의 내용들이 독립성 있는 경우가 대부분이어서 부족한 부분만 집중 연습해도 충분히 그 부분의 완성도 있는 학습이 가능하기 때문입니다.

이번에 기탄에서 출시한 기탄영역별수학 도형·측정편으로 부족한 부분을 선택하여 집중적으로 연습해 보세요. 원하는 만큼 실력과 자신감이 쑥쑥 향상됩니다.

2. 학습 부담 없는 알맞은 분량

내게 부족한 부분을 선택해서 집중 연습하려고 할 때, 그 부분의 학습 분량이 너무 많으면 부담 때문에 시작하기조차 힘들 수 있습니다.

무조건 문제 수가 많은 것보다 학습의 흥미도를 떨어뜨리지 않는 범위 내에서 필요한 만큼 충분한 양일 때 학습효과가 가장 좋습니다.

기탄영역별수학 도형·측정편은 다루어야 할 내용을 세분화하여, 한 가지 내용에 대한 학습량도 권당 80쪽, 쪽당 문제 수도 3~8문제 정도로 여유 있게 배치하여 학습 부담을 줄이고 학습효과는 높였습니다.

학습자의 상태를 가장 많이 고민한 책, 기탄영역별수학 도형·측정편으로 미루어 두었던 수학에의 도전을 시작해 보세요.

이 책의 구성

★ 본 학습

제목을 통해 이번 차시에서 학습해야 할
내용이 무엇인지 짚어 보고, 그것을 익히
기 위한 최적화된 연습문제를 반복해서
집중적으로 풀어 볼 수 있습니다.

★ 성취도 테스트

성취도 테스트는 본문에서 집중 연습한 내용을 최종적으로 한번 더 확인해 보는 문제들로 구성되어 있습니다.
성취도 테스트를 풀어 본 후, 결과표에 내가 맞은 문제인지 틀린 문제인지 체크를 해가며 각각의 문항을 통해
성취해야 할 학습목표와 학습내용을 짚어 보고, 성취된 부분과 부족한 부분이 무엇인지 확인합니다.

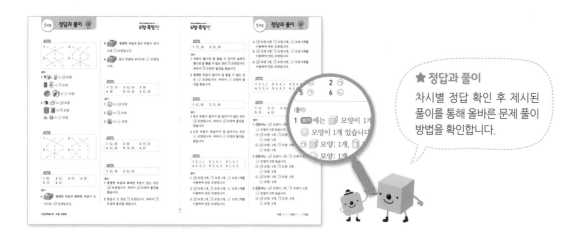

★ 정답과 풀이

차시별 정답 확인 후 제시된
풀이를 통해 올바른 문제 풀이
방법을 확인합니다.

기탄영역별수학
도형·측정편

각도

10
과정

기초부터 탄탄하게
기탄교육

차례
contents

각도

도형·측정편

1a

각의 크기 비교

이름 :
날짜 :
시간 :   :   ~   :

🐸 **2개의 각 크기 비교**

★ 두 각 중에서 더 큰 각을 찾아 기호를 쓰세요.

1 가

나

(   )

2 가   나

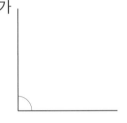

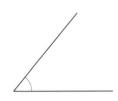

(   )

3 가   나

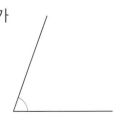

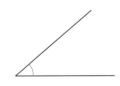

(   )

★ 두 각 중에서 더 큰 각을 찾아 기호를 쓰세요.

4 가   나

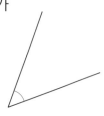 

(   )

5 가   나

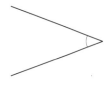 

(   )

6 가   나

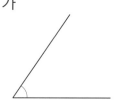 

(   )

각의 크기 비교

🐸 3개의 각 크기 비교

★ 세 각의 크기를 비교하여 큰 것부터 차례대로 번호를 쓰세요.

1

(   )

(   )

(   )

2

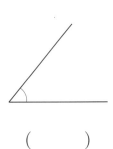

(   )

(   )

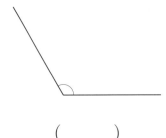

(   )

3

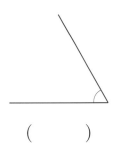

(   )

(   )

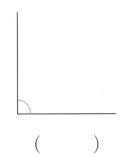

(   )

★ 세 각의 크기를 비교하여 큰 것부터 차례대로 번호를 쓰세요.

4

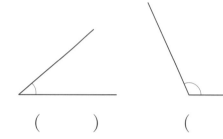

(   )   (   )   (   )

5

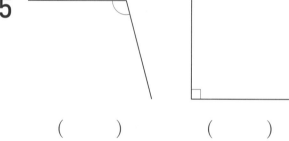 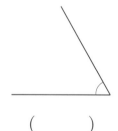

(   )   (   )   (   )

6

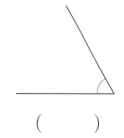 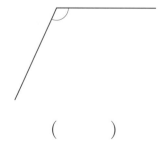 

(   )   (   )   (   )

도형·측정편

3a

각의 크기 비교

이름 :
날짜 :
시간 :   :   ~   :

🐸 주어진 각보다 크기가 크거나 작은 각 그리기

★ 왼쪽 주어진 각보다 크기가 큰 각을 오른쪽에 그려 보세요.

1

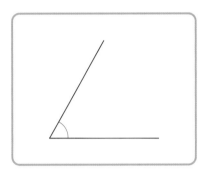

_____

2

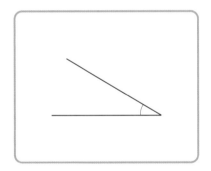

_____

3

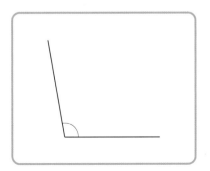

_____

★ 왼쪽 주어진 각보다 크기가 작은 각을 오른쪽에 그려 보세요.

4

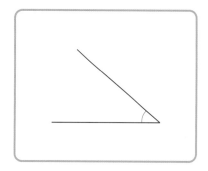

———————

5

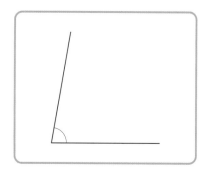

———————

6

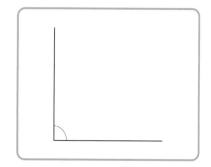

———————

각의 크기 재기

이름 :

날짜 :

시간 : : ~ :

🐸 각도기로 각도 재기 ①

★ 각도를 읽어 보세요.

1

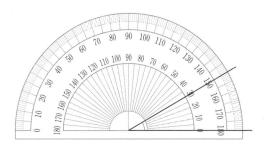

 °

각의 크기를 각도라고 합니다.

2

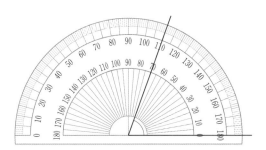

°

3

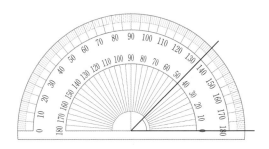

°

영역별 반복집중학습 프로그램

★ 각도를 읽어 보세요.

4

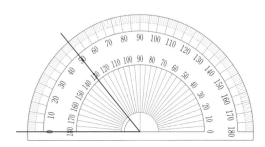

〔 〕°

5

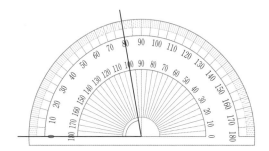

〔 〕°

6

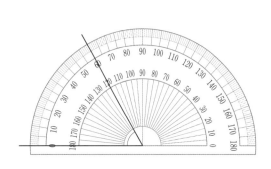

〔 〕°

도형·측정편

5a

각의 크기 재기

🐸 각도기로 각도 재기 ②

★ 각도를 읽어 보세요.

1

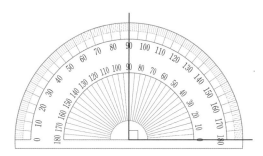

☐ °

2

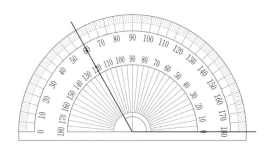

☐ °

3

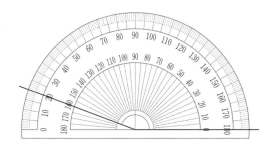

☐ °

★ 각도를 읽어 보세요.

4

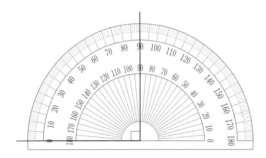

☐°

5

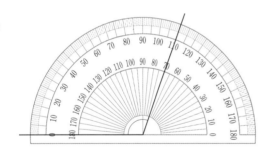

☐°

6

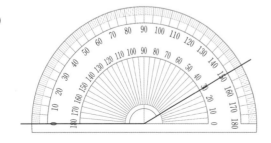

☐°

도형·측정편

6a

각의 크기 재기

이름 :

날짜 :

시간 :   :   ~   :

😺 주어진 각의 크기 재기 ①

★ 각도기를 이용하여 각도를 재어 보세요.

1

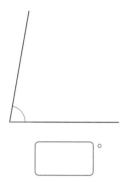

°

2

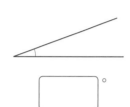

°

3

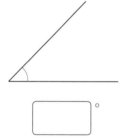

°

4

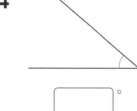

°

5

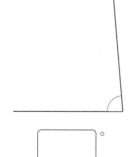

°

6

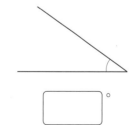

°

★ 각도기를 이용하여 각도를 재어 보세요.

7

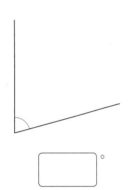

8

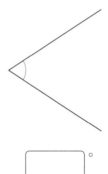

9

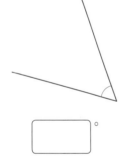

10

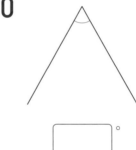

11

12

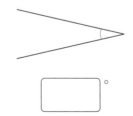

각의 크기 재기

이름 :

날짜 :

시간 : : ~ :

🐸 주어진 각의 크기 재기 ②

★ 각도기를 이용하여 각도를 재어 보세요.

1

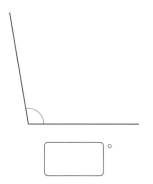

▯ °

2

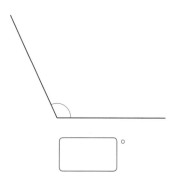

▯ °

3

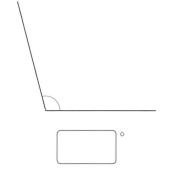

▯ °

4

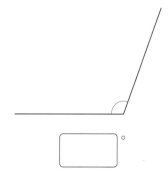

▯ °

5

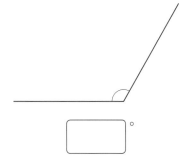

▯ °

6

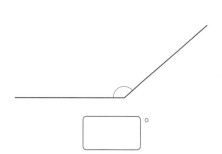

▯ °

★ 각도기를 이용하여 각도를 재어 보세요.

7

8

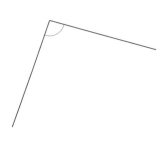

9

10

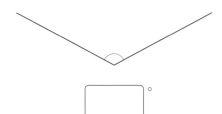

11

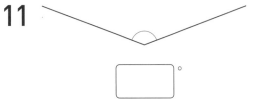

12

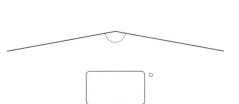

도형·측정편

8a

각의 크기 재기

이름 :

날짜 :

시간 :   :   ~   :

🐸 그림에 표시된 각의 크기 재기

★ 각도기를 이용하여 표시된 부분의 각도를 재어 보세요.

1

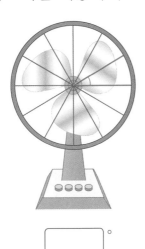

[　　　]°

2

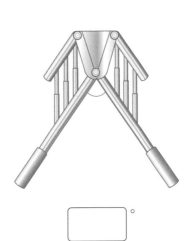

[　　　]°

3

[　　　]°

4

[　　　]°

영역별 반복집중학습 프로그램

★ 각도기를 이용하여 표시된 부분의 각도를 재어 보세요.

5
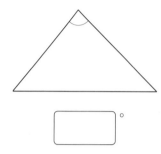

6
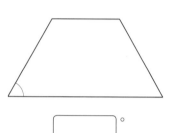

7
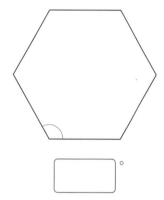

8
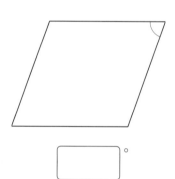

9
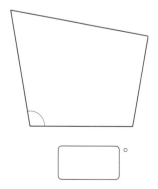

10
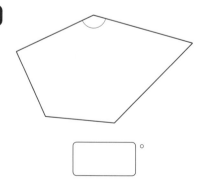

도형·측정편

9a

크기가 같은 각 그리기

이름 :

날짜 :

시간 : : ~ :

🐸 주어진 각도의 각 그리기 ①

★ 각도기와 자를 이용하여 주어진 각도의 각을 그려 보세요.

1

60°

이와 같은 순서로 주어진 각도의 각을 그릴 수 있습니다.

2

30°

3

75°

영역별 반복집중학습 프로그램

9b

★ 각도기와 자를 이용하여 주어진 각도의 각을 그려 보세요.

4 45°

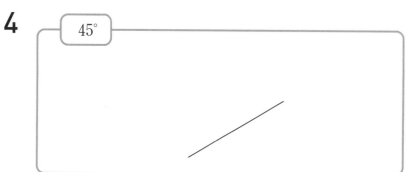

5 80°

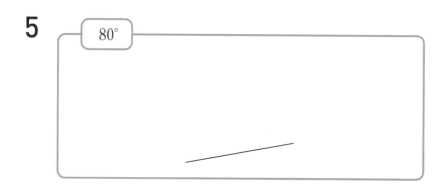

6 55°

도형·측정편

10a

크기가 같은 각 그리기

이름 :

날짜 :

시간 :   :   ~   :

🐸 주어진 각도의 각 그리기 ②

★ 각도기와 자를 이용하여 주어진 각도의 각을 그려 보세요.

1 120°

2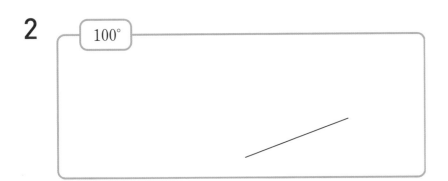

100°

3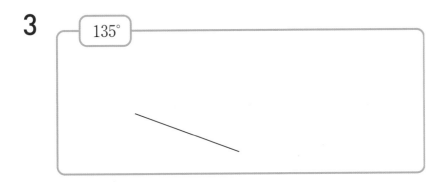

135°

★ 각도기와 자를 이용하여 주어진 각도의 각을 그려 보세요.

4

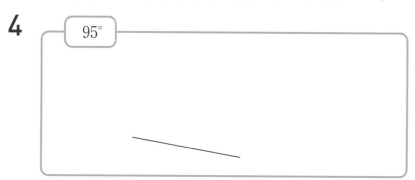

95°

5

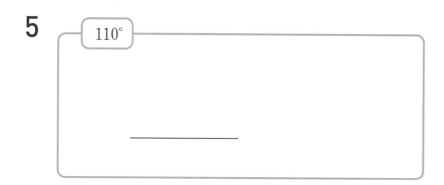

110°

6

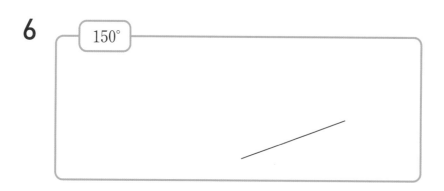

150°

영역별 반복집중학습 프로그램

도형·측정편

11a

크기가 같은 각 그리기

이름 :

날짜 :

시간 : : ~ :

🐸 주어진 각도의 각 그리기 ③

★ 각도기와 자를 이용하여 주어진 각도의 각을 그려 보세요.

1

50°

2

70°

3

25°

10과정 각도

★ 각도기와 자를 이용하여 주어진 각도의 각을 그려 보세요.

4

65°

5

40°

6

85°
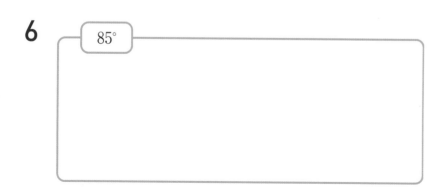

도형·측정편

12a

크기가 같은 각 그리기

이름 :

날짜 :

시간 :   :   ~   :

🐸 주어진 각도의 각 그리기 ④

★ 각도기와 자를 이용하여 주어진 각도의 각을 그려 보세요.

1 90°

2 130°

3 105°

영역별 반복집중학습 프로그램

★ 각도기와 자를 이용하여 주어진 각도의 각을 그려 보세요.

4 | 125° |

5 | 140° |

6 | 165° |

도형·측정편

13a

크기가 같은 각 그리기

이름 :

날짜 :

시간 :   :   ~   :

🐸 주어진 각과 크기가 같은 각 그리기

★ 각도기를 이용하여 주어진 각의 크기를 재고, 오른쪽 선분을 이용하여
 크기가 같은 각을 그려 보세요.

1

◻°

2

◻°

3

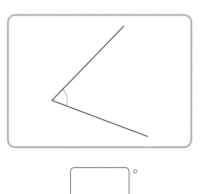

◻°

★ 각도기를 이용하여 주어진 각의 크기를 재고, 오른쪽 선분을 이용하여
크기가 같은 각을 그려 보세요.

4

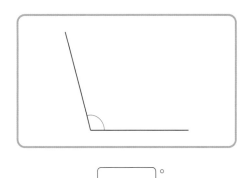

_____

☐ °

5

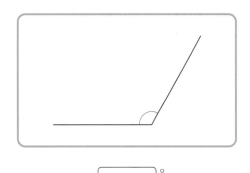

_____

☐ °

6

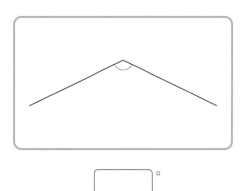

_____

☐ °

도형·측정편

14a

각의 크기에 따른 분류

이름 :

날짜 :

시간 : : ~ :

🐸 예각, 직각, 둔각으로 분류하기

★ 각을 보고 예각, 직각, 둔각 중 어느 것인지 ☐ 안에 써넣으세요.

1

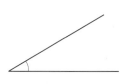

☐

2

☐

> 각도가 90°인 각이 직각이고, 0°보다 크고 직각보다 작은 각을 예각, 직각보다 크고 180°보다 작은 각을 둔각이라고 합니다.

3

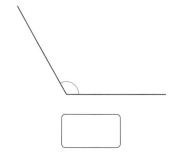

☐

4

☐

5

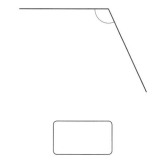

☐

6

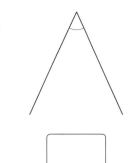

☐

영역별 반복집중학습 프로그램

★ 각을 보고 예각, 직각, 둔각 중 어느 것인지 ▢ 안에 써넣으세요.

7

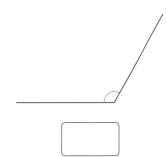

8

9

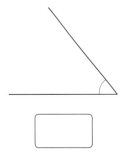

10

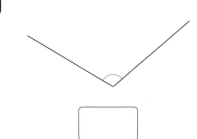

11

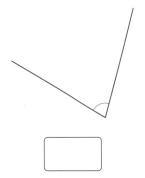

12

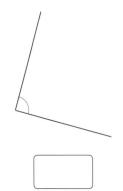

각의 크기에 따른 분류

🐸 주어진 선분을 이용하여 예각 그리기

★ 주어진 선분을 이용하여 예각을 그려 보세요.

1

2
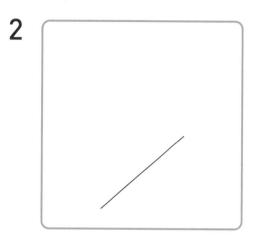

3
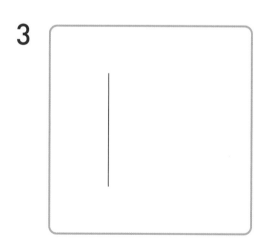

4
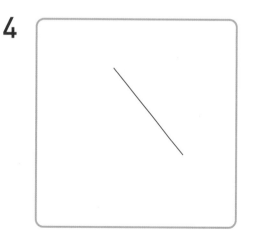

★ 주어진 선분을 이용하여 예각을 그려 보세요.

5

6

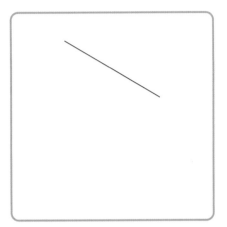

7

8

영역별 반복집중학습 프로그램

도형·측정편

16a

각의 크기에 따른 분류

이름 :

날짜 :

시간 :   :   ~   :

🐸 주어진 선분을 이용하여 둔각 그리기

★ 주어진 선분을 이용하여 둔각을 그려 보세요.

1

2

3

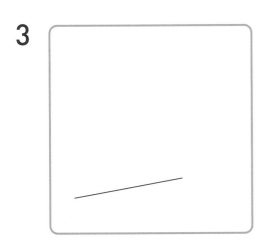

4

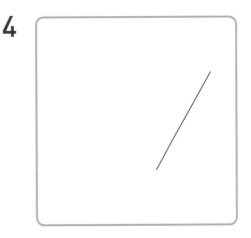

★ 주어진 선분을 이용하여 둔각을 그려 보세요.

5

6
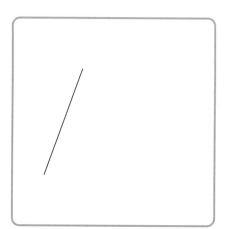

7

8

영역별 반복집중학습 프로그램

도형·측정편

17a

각의 크기에 따른 분류

| 이름 : |
| 날짜 : |
| 시간 : : ~ : |

🐸 주어진 도형 안에서 예각, 직각, 둔각 찾기

★ 도형을 보고 표시된 부분의 각이 예각이면 '예', 직각이면 '직', 둔각이
면 '둔'이라고 ☐ 안에 써넣으세요.

1

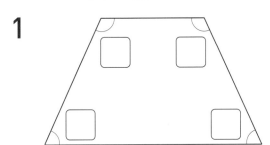

2

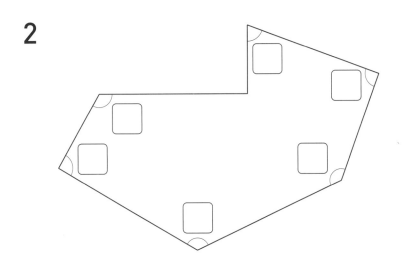

10과정 각도

영역별 반복집중학습 프로그램

★ 도형을 보고 표시된 부분의 각이 예각이면 '예', 직각이면 '직', 둔각이면 '둔'이라고 ☐ 안에 써넣으세요.

3

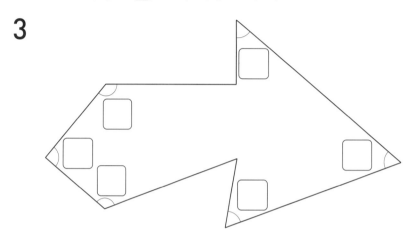

4

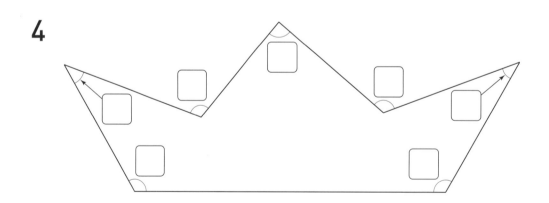

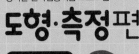

도형·측정편

18a

각의 크기에 따른 분류

이름 :

날짜 :

시간 :   :   ~   :

🐸 시곗바늘이 이루는 각을 보고 예각, 직각, 둔각으로 분류하기

★ 시계의 긴바늘과 짧은바늘이 이루는 작은 쪽의 각이 예각, 직각, 둔각
중 어느 것인지 ⬜ 안에 써넣으세요.

1

2

3

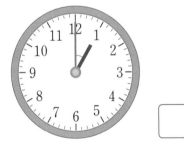

4

5

6

★ 시계의 긴바늘과 짧은바늘이 이루는 작은 쪽의 각이 예각, 직각, 둔각 중 어느 것인지 써 보세요.

7

8

9

10

11

12

기탄영역별수학 | 도형·측정편

각의 크기 어림하기

이름 :

날짜 :

시간 :   :   ~   :

🐸 주어진 각 그림의 각도 어림하고, 재어서 비교하기

★ 각도를 어림하고, 각도기로 재어 확인해 보세요.

1

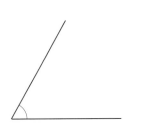

어림한 각도 약 [   ]°

잰 각도 [   ]°

2

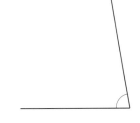

어림한 각도 약 [   ]°

잰 각도 [   ]°

3

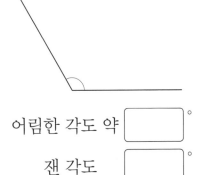

어림한 각도 약 [   ]°

잰 각도 [   ]°

4

어림한 각도 약 [   ]°

잰 각도 [   ]°

★ 각도를 어림하고, 각도기로 재어 확인해 보세요.

5

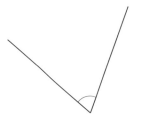

어림한 각도 약 [ ]°

잰 각도 [ ]°

6

어림한 각도 약 [ ]°

잰 각도 [ ]°

7

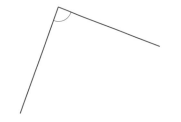

어림한 각도 약 [ ]°

잰 각도 [ ]°

8

어림한 각도 약 [ ]°

잰 각도 [ ]°

각의 크기 어림하기

🐸 각도 어림하여 그려 보고, 재어서 비교하기

★ 주어진 각도를 어림하여 그려 보고, 각도기로 재어 확인해 보세요.

1

70°

잰 각도 [   ]°

2

100°

잰 각도 [   ]°

3

45°

잰 각도 [   ]°

★ 주어진 각도를 어림하여 그려 보고, 각도기로 재어 확인해 보세요.

4

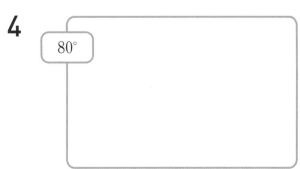

80°

잰 각도 ◻°

5

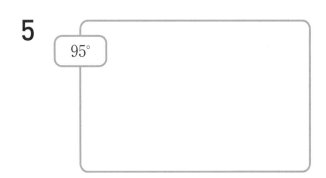

95°

잰 각도 ◻°

6

150°

잰 각도 ◻°

영역별 반복집중학습 프로그램 ——
도형·측정편
21a

각도의 합

🐸 두 각도를 재서 각도의 합 구하기 ①

★ 각도기를 이용하여 각도를 각각 재어 보고, 두 각도의 합을 구해 보세요.

1

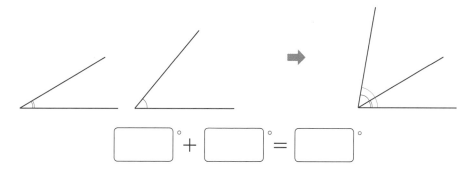

$$\boxed{}° + \boxed{}° = \boxed{}°$$

2

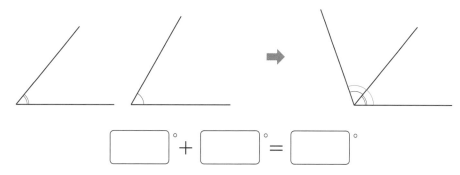

$$\boxed{}° + \boxed{}° = \boxed{}°$$

3

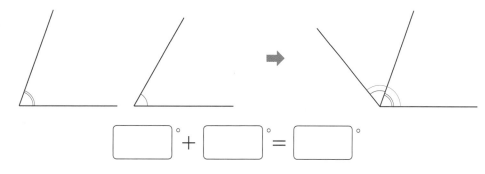

$$\boxed{}° + \boxed{}° = \boxed{}°$$

★ 각도기를 이용하여 각도를 각각 재어 보고, 두 각도의 합을 구해 보세요.

4

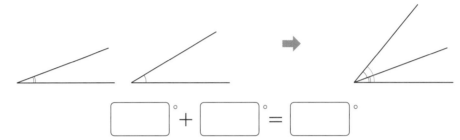

$$\boxed{}° + \boxed{}° = \boxed{}°$$

5

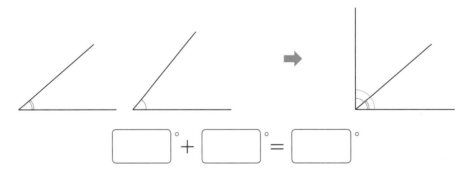

$$\boxed{}° + \boxed{}° = \boxed{}°$$

6

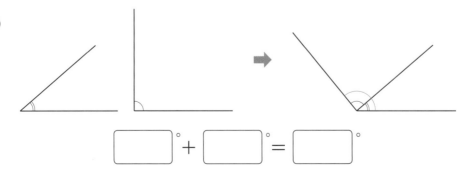

$$\boxed{}° + \boxed{}° = \boxed{}°$$

각도의 합

🐸 두 각도를 재서 각도의 합 구하기 ②

★ 각도기를 이용하여 각도를 각각 재어 보고, 두 각도의 합을 구해 보세요.

1

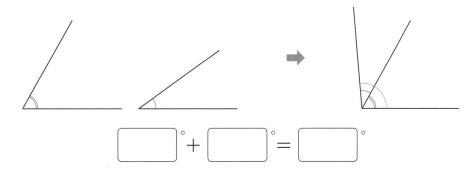

$$\boxed{}° + \boxed{}° = \boxed{}°$$

2

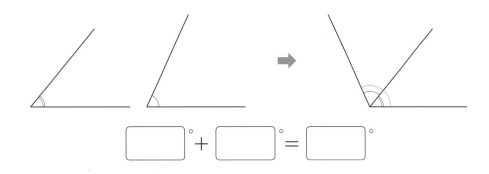

$$\boxed{}° + \boxed{}° = \boxed{}°$$

3

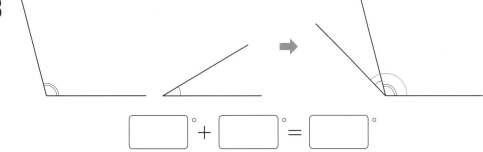

$$\boxed{}° + \boxed{}° = \boxed{}°$$

영역별 반복집중학습 프로그램

★ 각도기를 이용하여 각도를 각각 재어 보고, 두 각도의 합을 구해 보세요.

4

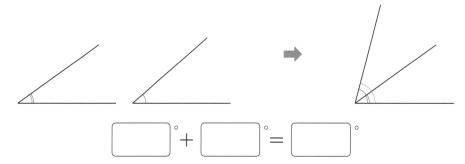

$$\boxed{}° + \boxed{}° = \boxed{}°$$

5

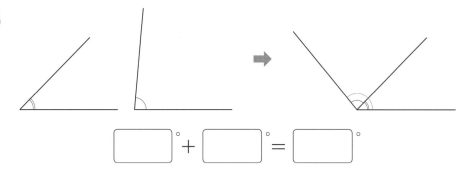

$$\boxed{}° + \boxed{}° = \boxed{}°$$

6

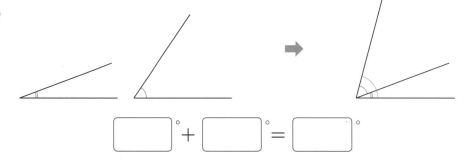

$$\boxed{}° + \boxed{}° = \boxed{}°$$

도형·측정편

각도의 합

이름 :

날짜 :

시간 :   :   ~   :

🐸 두 각도의 합 ①

★ 각도의 합을 구해 보세요.

1 $60° + 20° = \boxed{}°$

2 $30° + 70° = \boxed{}°$

3 $10° + 80° = \boxed{}°$

4 $50° + 70° = \boxed{}°$

5 $90° + 40° = \boxed{}°$

6 $35° + 60° = \boxed{}°$

7 $65° + 40° = \boxed{}°$

8 $70° + 15° = \boxed{}°$

각도의 합은
자연수의 덧셈과
같은 방법으로
구합니다.

★ 각도의 합을 구해 보세요.

9 $40° + 25° = \boxed{}°$

10 $50° + 75° = \boxed{}°$

11 $85° + 15° = \boxed{}°$

12 $120° + 55° = \boxed{}°$

13 $95° + 110° = \boxed{}°$

14 $65° + 105° = \boxed{}°$

15 $45° + 135° = \boxed{}°$

16 $70° + 125° = \boxed{}°$

도형·측정편

24a

각도의 합

이름 :

날짜 :

시간 :   :   ~   :

🐸 두 각도의 합 ②

★ 각도의 합을 구해 보세요.

1 $25° + 45° = \boxed{}°$

2 $62° + 55° = \boxed{}°$

3 $50° + 116° = \boxed{}°$

4 $75° + 38° = \boxed{}°$

5 $107° + 85° = \boxed{}°$

6 $95° + 66° = \boxed{}°$

7 $83° + 135° = \boxed{}°$

8 $48° + 98° = \boxed{}°$

24b

영역별 반복집중학습 프로그램

★ 각도의 합을 구해 보세요.

9 $64° + 77° = \boxed{}$ °

10 $145° + 36° = \boxed{}$ °

11 $56° + 95° = \boxed{}$ °

12 $48° + 166° = \boxed{}$ °

13 $85° + 39° = \boxed{}$ °

14 $117° + 45° = \boxed{}$ °

15 $76° + 185° = \boxed{}$ °

16 $178° + 205° = \boxed{}$ °

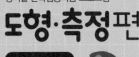

각도의 합

이름 :

날짜 :

시간 :   :   ~   :

🐸 그림으로 주어진 두 각도의 합 ①

★ 두 각도의 합을 구해 보세요.

1

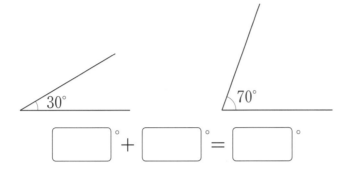

$$\boxed{}° + \boxed{}° = \boxed{}°$$

2

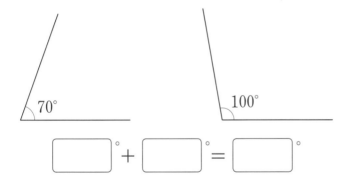

$$\boxed{}° + \boxed{}° = \boxed{}°$$

3

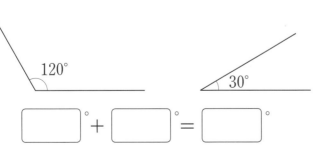

$$\boxed{}° + \boxed{}° = \boxed{}°$$

영역별 반복집중학습 프로그램

★ 두 각도의 합을 구해 보세요.

4

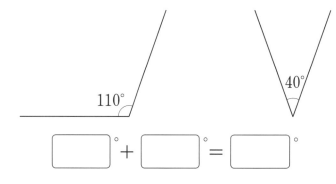

110°   40°

$\boxed{}°$ + $\boxed{}°$ = $\boxed{}°$

5

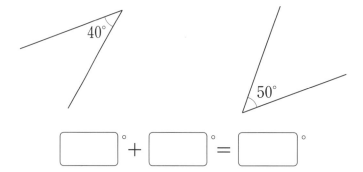

40°   50°

$\boxed{}°$ + $\boxed{}°$ = $\boxed{}°$

6

120°   60°

$\boxed{}°$ + $\boxed{}°$ = $\boxed{}°$

🐸 그림으로 주어진 두 각도의 합 ②

★ 두 각도의 합을 구해 보세요.

1

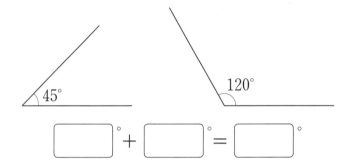

☐° + ☐° = ☐°

2

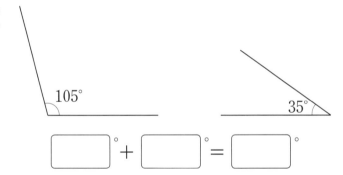

☐° + ☐° = ☐°

3

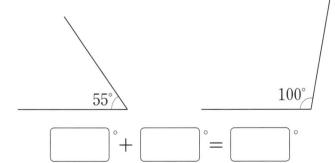

☐° + ☐° = ☐°

★ 두 각도의 합을 구해 보세요.

4

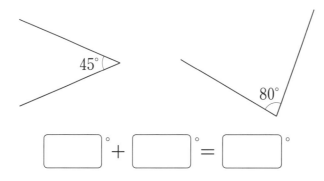

$\boxed{}° + \boxed{}° = \boxed{}°$

5

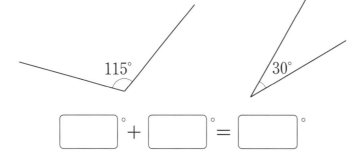

$\boxed{}° + \boxed{}° = \boxed{}°$

6

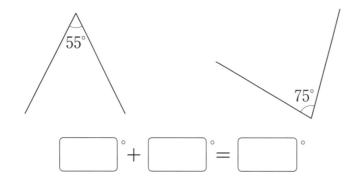

$\boxed{}° + \boxed{}° = \boxed{}°$

27a

각도의 차

이름 :
날짜 :
시간 :   :   ~   :

🐸 두 각도를 재서 각도의 차 구하기 ①

★ 각도기를 이용하여 각도를 각각 재어 보고, 두 각도의 차를 구해 보세요.

1

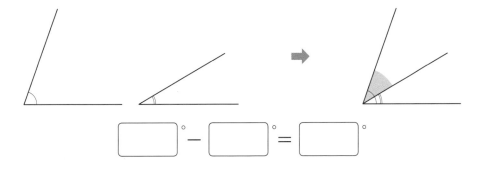

$$\boxed{}° - \boxed{}° = \boxed{}°$$

2

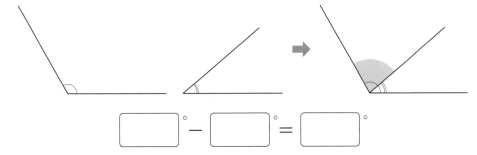

$$\boxed{}° - \boxed{}° = \boxed{}°$$

3

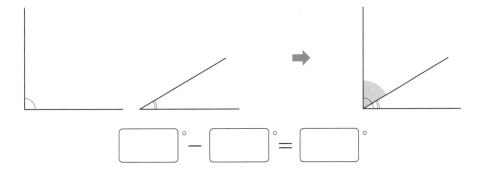

$$\boxed{}° - \boxed{}° = \boxed{}°$$

★ 각도기를 이용하여 각도를 각각 재어 보고, 두 각도의 차를 구해 보세요.

4

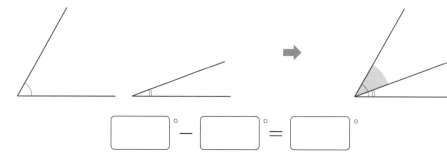

$$\boxed{}° - \boxed{}° = \boxed{}°$$

5

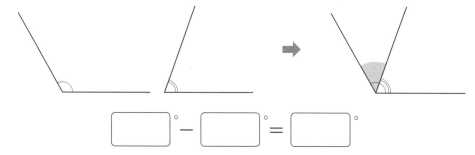

$$\boxed{}° - \boxed{}° = \boxed{}°$$

6

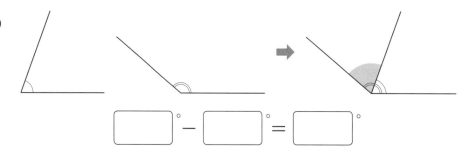

$$\boxed{}° - \boxed{}° = \boxed{}°$$

각도의 차

🐸 두 각도를 재서 각도의 차 구하기 ②

★ 각도기를 이용하여 각도를 각각 재어 보고, 두 각도의 차를 구해 보세요.

1

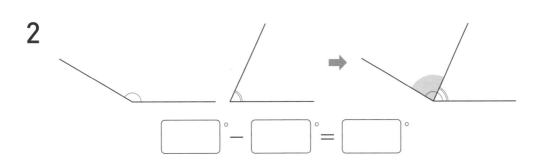

$$\boxed{}° - \boxed{}° = \boxed{}°$$

2

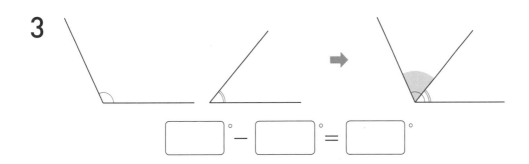

$$\boxed{}° - \boxed{}° = \boxed{}°$$

3

$$\boxed{}° - \boxed{}° = \boxed{}°$$

★ 각도기를 이용하여 각도를 각각 재어 보고, 두 각도의 차를 구해 보세요.

4

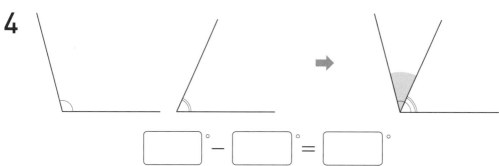

$$\boxed{}° - \boxed{}° = \boxed{}°$$

5

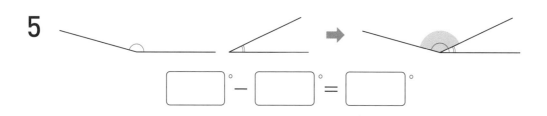

$$\boxed{}° - \boxed{}° = \boxed{}°$$

6

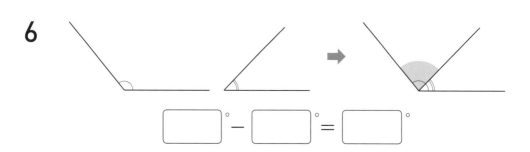

$$\boxed{}° - \boxed{}° = \boxed{}°$$

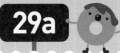

도형·측정편

29a

각도의 차

🐸 두 각도의 차 ①

★ 각도의 차를 구해 보세요.

1 $80° - 20° = $ ☐ °

2 $100° - 70° = $ ☐ °

3 $60° - 40° = $ ☐ °

4 $90° - 10° = $ ☐ °

5 $75° - 30° = $ ☐ °

6 $125° - 80° = $ ☐ °

7 $145° - 40° = $ ☐ °

8 $85° - 55° = $ ☐ °

각도의 차는
자연수의 뺄셈과
같은 방법으로
구합니다.

영역별 반복집중학습 프로그램

★ 각도의 차를 구해 보세요.

9 $65° - 25° = \boxed{}°$

10 $70° - 45° = \boxed{}°$

11 $110° - 65° = \boxed{}°$

12 $130° - 105° = \boxed{}°$

13 $95° - 35° = \boxed{}°$

14 $105° - 95° = \boxed{}°$

15 $100° - 55° = \boxed{}°$

16 $80° - 75° = \boxed{}°$

영역별 반복집중학습 프로그램

도형·측정편

30a

각도의 차

이름 :

날짜 :

시간 :   :   ~   :

🐸 두 각도의 차 ②

★ 각도의 차를 구해 보세요.

1 $55° - 25° = $ ◻ °

2 $120° - 85° = $ ◻ °

3 $76° - 44° = $ ◻ °

4 $95° - 32° = $ ◻ °

5 $63° - 18° = $ ◻ °

6 $90° - 56° = $ ◻ °

7 $132° - 64° = $ ◻ °

8 $84° - 55° = $ ◻ °

★ 각도의 차를 구해 보세요.

9 $100° - 47° = $ □ °

10 $105° - 64° = $ □ °

11 $171° - 93° = $ □ °

12 $91° - 38° = $ □ °

13 $220° - 75° = $ □ °

14 $142° - 44° = $ □ °

15 $203° - 127° = $ □ °

16 $320° - 194° = $ □ °

각도의 차

🐸 그림으로 주어진 두 각도의 차 ①

★ 두 각도의 차를 구해 보세요.

1

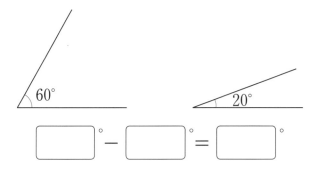

$$\boxed{}° - \boxed{}° = \boxed{}°$$

2

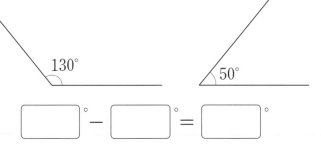

$$\boxed{}° - \boxed{}° = \boxed{}°$$

3

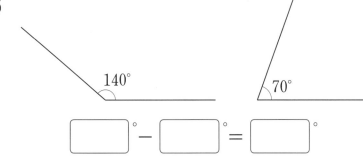

$$\boxed{}° - \boxed{}° = \boxed{}°$$

영역별 반복집중학습 프로그램

★ 두 각도의 차를 구해 보세요.

4

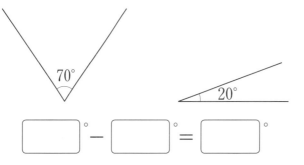

$$\boxed{}° - \boxed{}° = \boxed{}°$$

5

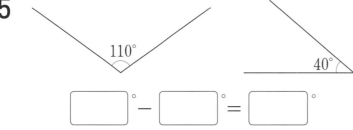

$$\boxed{}° - \boxed{}° = \boxed{}°$$

6

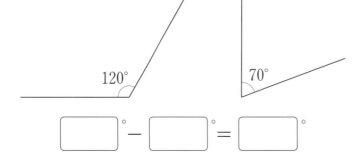

$$\boxed{}° - \boxed{}° = \boxed{}°$$

기탄영역별수학 | 도형·측정편

각도의 차

이름 :

날짜 :

시간 :   :   ~   :

🐸 그림으로 주어진 두 각도의 차 ②

★ 두 각도의 차를 구해 보세요.

1

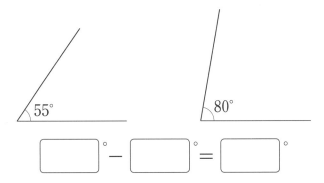

$$\boxed{}° - \boxed{}° = \boxed{}°$$

2

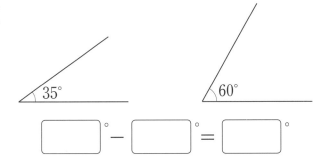

$$\boxed{}° - \boxed{}° = \boxed{}°$$

3

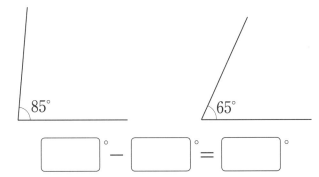

$$\boxed{}° - \boxed{}° = \boxed{}°$$

★ 두 각도의 차를 구해 보세요.

4

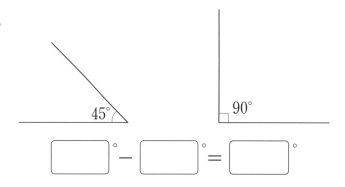

$$\boxed{}° - \boxed{}° = \boxed{}°$$

5

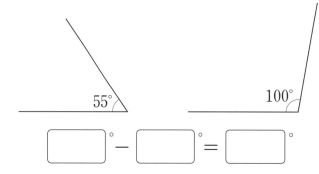

$$\boxed{}° - \boxed{}° = \boxed{}°$$

6

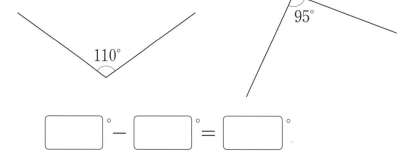

$$\boxed{}° - \boxed{}° = \boxed{}°$$

도형·측정편

33a

삼각형의 세 각의 크기의 합

이름 :

날짜 :

시간 :   :   ~   :

🐸 삼각형의 세 각의 크기를 재어 합 구하기

★ 각도기로 재어 ☐ 안에 알맞은 수를 써넣으세요.

1

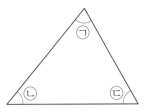

㉠ ☐ ° + ㉡ ☐ ° + ㉢ ☐ ° = ☐ °

2

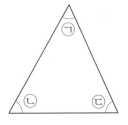

㉠ ☐ ° + ㉡ ☐ ° + ㉢ ☐ ° = ☐ °

3

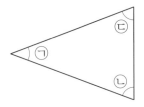

㉠ ☐ ° + ㉡ ☐ ° + ㉢ ☐ ° = ☐ °

★ 각도기로 재어 ☐ 안에 알맞은 수를 써넣으세요.

4

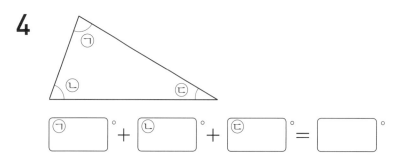

$\boxed{ㄱ}°$ + $\boxed{ㄴ}°$ + $\boxed{ㄷ}°$ = $\boxed{}°$

5

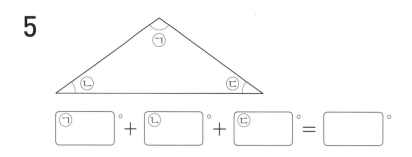

$\boxed{ㄱ}°$ + $\boxed{ㄴ}°$ + $\boxed{ㄷ}°$ = $\boxed{}°$

6

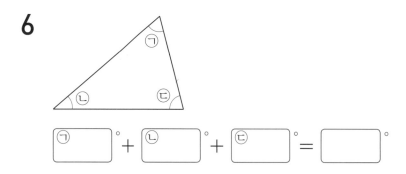

$\boxed{ㄱ}°$ + $\boxed{ㄴ}°$ + $\boxed{ㄷ}°$ = $\boxed{}°$

도형·측정편

34a

삼각형의 세 각의 크기의 합

🐸 두 각이 주어진 삼각형의 나머지 한 각 구하기

★ ☐ 안에 알맞은 수를 써넣으세요.

1

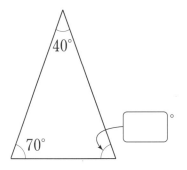

2

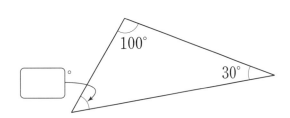

3

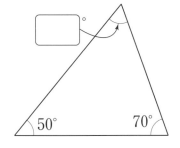

4

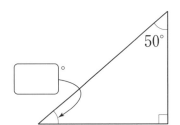

★ ☐ 안에 알맞은 수를 써넣으세요.

5

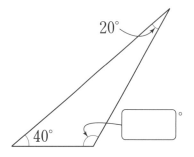

6

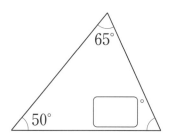

7

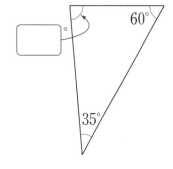

8

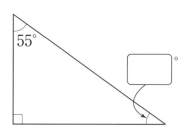

영역별 반복집중학습 프로그램

도형·측정편

35a

삼각형의 세 각의 크기의 합

이름 :

날짜 :

시간 :   :   ~   :

🐸 한 각이 주어진 삼각형의 다른 두 각의 합 구하기

★ ㉠과 ㉡의 각도의 합을 구해 보세요.

1

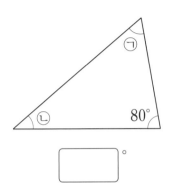

☐°

2

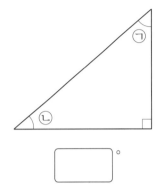

☐°

3

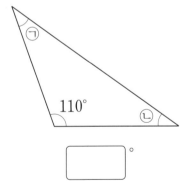

☐°

4

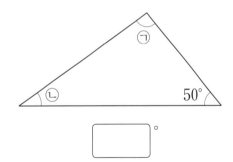

☐°

10과정 각도

★ ㉠과 ㉡의 각도의 합을 구해 보세요.

5

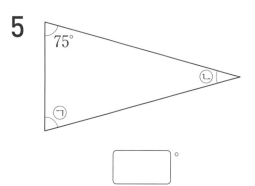

75°

㉡

㉠

◻°

6

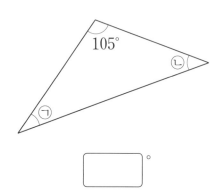

105°

㉡

㉠

◻°

7

㉠

85°

㉡

◻°

8

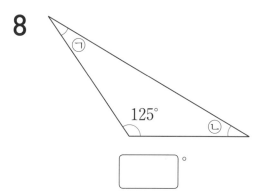

㉠

125°

㉡

◻°

도형·측정편

36a

삼각형의 세 각의 크기의 합

이름 :

날짜 :

시간 :   :   ~   :

🐸 직각 삼각자를 이용하여 각도 구하기

★ ☐ 안에 알맞은 수를 써넣으세요.

1

30°

☐°   ☐°

직각 삼각자는

60° ◯   45° ◯
30°   45°

이렇게 2가지로 구성되어 있습니다.

2

45°

☐°   ☐°

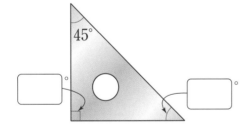

3

60°

☐°

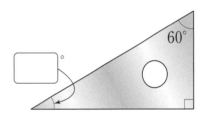

36b

영역별 반복집중학습 프로그램

★ 두 직각 삼각자를 다음과 같이 놓았습니다. ㉠의 각도를 구해 보세요.

4

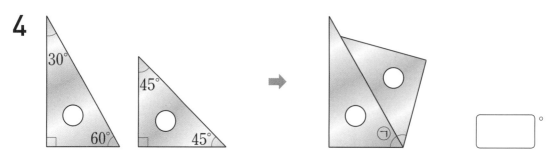

◻°

5

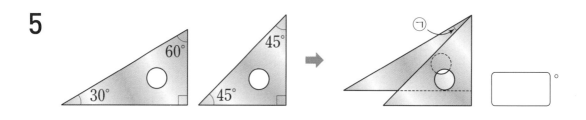

◻°

6

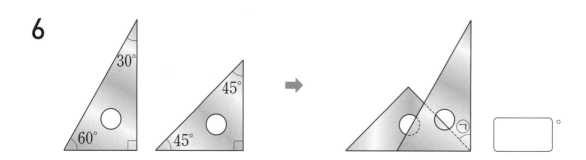

◻°

기탄영역별수학 | 도형·측정편

도형·측정편
37a

사각형의 네 각의 크기의 합

이름 :

날짜 :

시간 :   :   ~   :

🐸 사각형의 네 각의 크기를 재어 합 구하기

★ 각도기로 재어 ☐ 안에 알맞은 수를 써넣으세요.

1

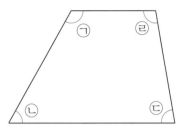

ⓐ ☐° + ⓑ ☐° + ⓒ ☐° + ⓓ ☐° = ☐°

2

ⓐ ☐° + ⓑ ☐° + ⓒ ☐° + ⓓ ☐° = ☐°

3

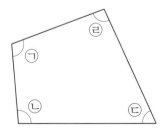

ⓐ ☐° + ⓑ ☐° + ⓒ ☐° + ⓓ ☐° = ☐°

★ 각도기로 재어 ☐ 안에 알맞은 수를 써넣으세요.

4

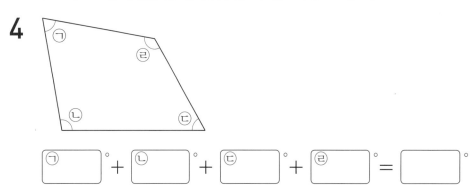

㉠ ☐° + ㉡ ☐° + ㉢ ☐° + ㉣ ☐ = ☐°

5

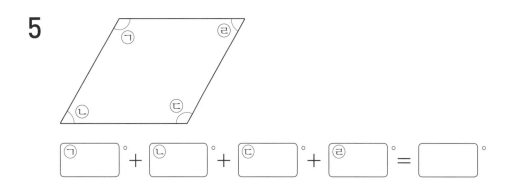

㉠ ☐° + ㉡ ☐° + ㉢ ☐° + ㉣ ☐ = ☐°

6

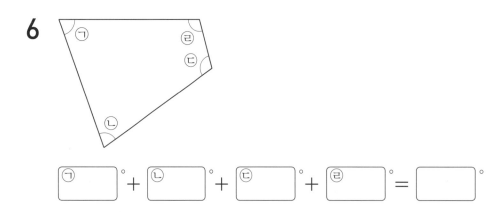

㉠ ☐° + ㉡ ☐° + ㉢ ☐° + ㉣ ☐ = ☐°

도형·측정편

38a

사각형의 네 각의 크기의 합

이름 :

날짜 :

시간 :   :   ~   :

🐸 세 각이 주어진 사각형의 나머지 한 각 구하기

★ ☐ 안에 알맞은 수를 써넣으세요.

1

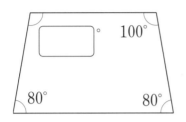

2

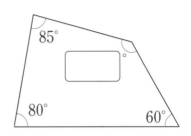

3

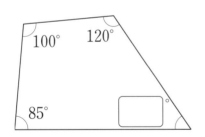

4

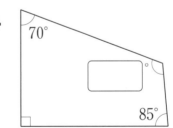

★ ☐ 안에 알맞은 수를 써넣으세요.

5

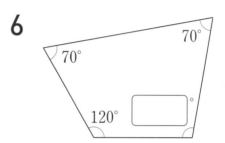

80°
115°
☐°

6

70°
70°
120°
☐°

7

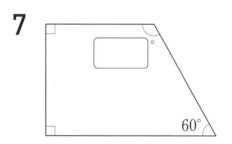

☐°
60°

8

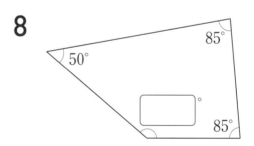

85°
50°
☐°
85°

영역별 반복집중학습 프로그램

도형·측정편

39a

사각형의 네 각의 크기의 합

| 이름 : |
| 날짜 : |
| 시간 :   :   ~   : |

🐸 두 각이 주어진 사각형의 다른 두 각의 합 구하기

★ ㉠과 ㉡의 각도의 합을 구해 보세요.

1

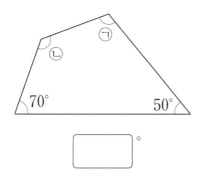

☐°

2

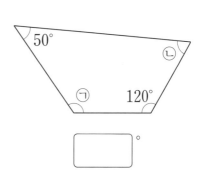

☐°

3

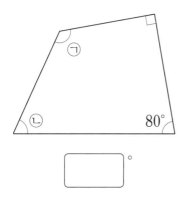

☐°

4

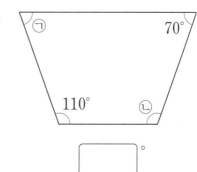

☐°

영역별 반복집중학습 프로그램

★ ㉠과 ㉡의 각도의 합을 구해 보세요.

5

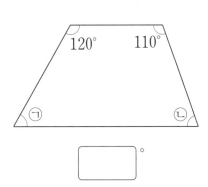

120° 110°
㉠ ㉡

　　°

6

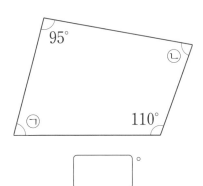

95° ㉡
㉠ 110°

　　°

7

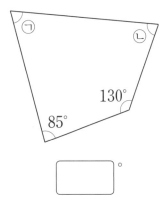

㉠ ㉡
130°
85°

　　°

8

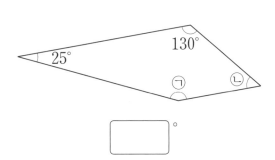

25° 130°
㉠ ㉡

　　°

기탄영역별수학 | 도형·측정편

도형·측정편

40a

사각형의 네 각의 크기의 합

이름 :

날짜 :

시간 :   :   ~   :

🐸 사각형의 네 각의 크기의 합을 이용하여 각 구하기

★ ☐ 안에 알맞은 수를 써넣으세요.

1

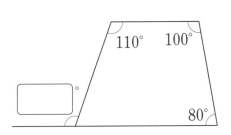

2

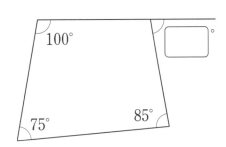

일직선이 이루는 각은 그림과 같이 2직각 즉, 180°입니다. 이 사실을 이용하여 문제를 풀어 봅니다.

3

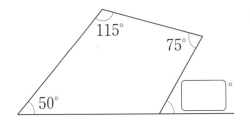

4

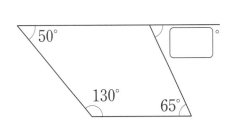

영역별 반복집중학습 프로그램

★ ☐ 안에 알맞은 수를 써넣으세요.

5
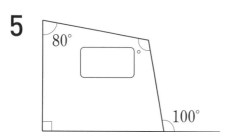

6
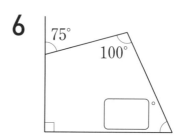

7
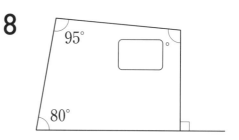

8

다음 학습 연관표

10과정 각도 → 12과정 삼각형/수직과 평행

기탄영역별수학
도형·측정편

성취도 테스트

10과정 | 각도

이름			
실시 연월일	년	월	일
걸린 시간		분	초
오답 수			/ 12

기초부터 탄탄하게
G 기탄교육

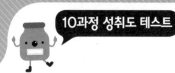

1 세 각의 크기를 비교하여 큰 것부터 차례대로 번호를 쓰세요.

(   ) (   ) (   )

2 각도를 읽어 보세요.

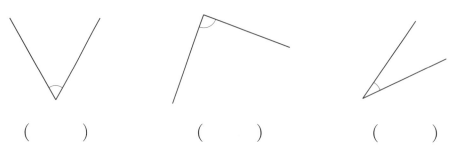

[   ]°

3 각도기를 이용하여 각도를 재어 보세요.

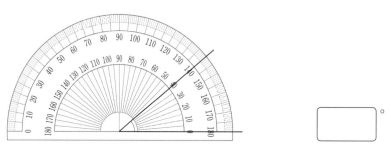

[   ]°

4 각도기와 자를 이용하여 주어진 각도의 각을 그려 보세요.

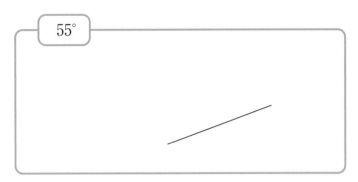

55°

5 각도기를 이용하여 주어진 각의 크기를 재고, 오른쪽 선분을 이용하여 크기가 같은 각을 그려 보세요.

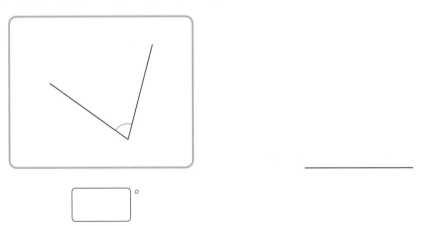

°

6 주어진 각 중 둔각인 것을 모두 찾아 기호를 쓰세요.

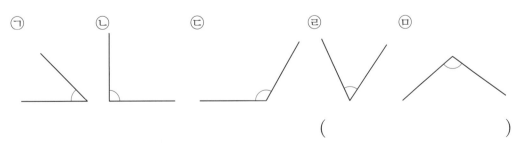

ㄱ   ㄴ   ㄷ   ㄹ   ㅁ

(   )

7 시계의 긴바늘과 짧은바늘이 이루는 작은 쪽의 각이 예각, 직각, 둔각 중 어느 것인지 써 보세요.

(1)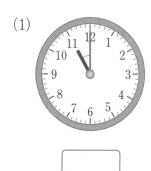

(2)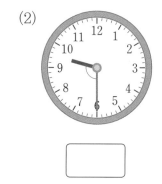

8 두 각도의 합과 차를 구해 보세요.

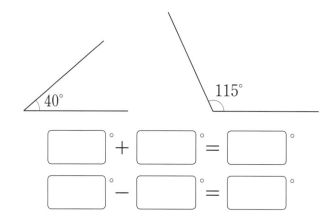

□° + □° = □°

□° − □° = □°

9 □ 안에 알맞은 수를 써넣으세요.

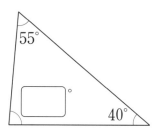

10 두 직각 삼각자를 다음과 같이 놓았습니다. ㉠의 각도를 구해 보세요.

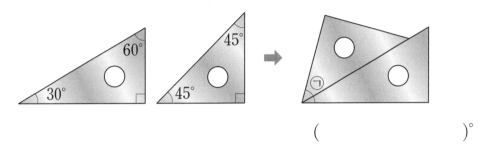

(   )°

11 ㉠과 ㉡의 각도의 합을 구해 보세요.

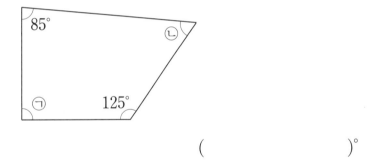

(   )°

12 ☐ 안에 알맞은 수를 써넣으세요.

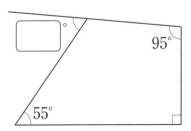

10과정 | 각도

번호	평가 요소	평가 내용	결과(O, X)	관련 내용
1	각의 크기 비교	각의 크기를 비교하는 문제입니다.		1a
2	각의 크기 재기	각도기로 각을 재는 그림을 보고 몇 도인지 확인하는 문제입니다.		4a
3		각도기를 이용하여 주어진 각의 크기를 재는 문제입니다.		6a
4	크기가 같은 각 그리기	각도기와 자를 이용하여 주어진 각도의 각을 그려 보는 문제입니다.		9a
5		주어진 각의 크기를 먼저 재고, 그 각과 크기가 같은 각을 주어진 선분을 이용하여 그려 보는 문제입니다.		13a
6	각의 크기에 따른 분류	각을 보고 예각, 직각, 둔각 중 어느 것인지 알아보는 문제입니다.		14a
7		두 시곗바늘이 이루는 작은 쪽의 각이 예각, 직각, 둔각 중 어느 것인지 알아보는 문제입니다.		18a
8	각도의 합과 차	그림으로 주어진 두 각의 합과 차를 알아보는 문제입니다.		21a, 27a
9	삼각형의 세 각의 크기의 합	삼각형의 세 각의 크기의 합이 180°임을 이용하여 두 각이 주어진 삼각형의 나머지 한 각을 구하는 문제입니다.		34a
10		직각 삼각자의 각도를 이용하여 주어진 각의 크기를 구하는 문제입니다.		36a
11	사각형의 네 각의 크기의 합	사각형의 네 각의 크기의 합이 360°임을 이용하여 두 각이 주어진 사각형의 다른 두 각의 합을 구하는 문제입니다.		39a
12		일직선이 이루는 각이 180°임을 알고 사각형의 네 각의 크기의 합을 이용하여 필요한 각도를 구하는 문제입니다.		40a

평가 기준

평가	□ A등급(매우 잘함)	□ B등급(잘함)	□ C등급(보통)	□ D등급(부족함)
오답 수	0~1	2	3	4~

• A, B등급: 다음 교재를 시작하세요.
• C등급: 틀린 부분을 다시 한번 더 공부한 후, 다음 교재를 시작하세요.
• D등급: 본 교재를 다시 구입하여 복습한 후, 다음 교재를 시작하세요.

기탄영역별수학
도형·측정편

정답과 풀이

10과정 | 각도

기초부터 탄탄하게
기탄교육

1ab

1 나	**2** 가	**3** 가
4 나	**5** 나	**6** 나

〈풀이〉

1~6 더 크게 벌어진 쪽이 더 큰 각입니다.

2ab

1 (1)(2)(3)
2 (3)(2)(1)
3 (3)(1)(2)
4 (3)(1)(2)
5 (1)(2)(3)
6 (2)(1)(3)

3ab

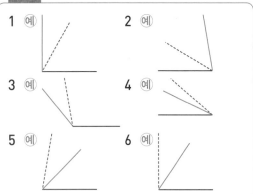

〈풀이〉

1~3 주어진 각보다 더 크게 벌어지게 그려
줍니다.

4~6 주어진 각보다 더 작게 벌어지게 그려
줍니다.

4ab

1 30	**2** 70	**3** 45
4 50	**5** 80	**6** 60

5ab

1 90	**2** 120	**3** 160
4 90	**5** 110	**6** 150

6ab

1 80	**2** 20	**3** 45
4 40	**5** 85	**6** 35
7 75	**8** 65	**9** 55
10 60	**11** 40	**12** 25

7ab

1 100	**2** 115	**3** 105
4 110	**5** 120	**6** 140
7 130	**8** 95	**9** 135
10 125	**11** 140	**12** 160

8ab

1 30	**2** 70	**3** 95
4 105	**5** 85	**6** 60
7 120	**8** 70	**9** 100
10 140		

9ab

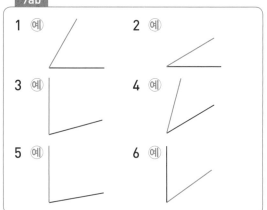

10ab

1 예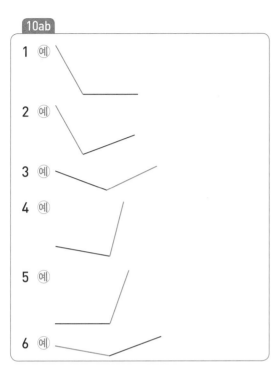
2 예
3 예
4 예
5 예
6 예

11ab

1 예   2 예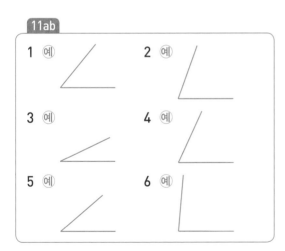
3 예   4 예
5 예   6 예

12ab

1 예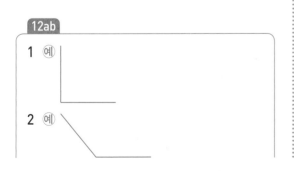
2 예

3 예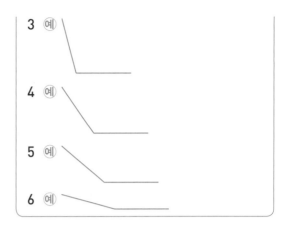
4 예
5 예
6 예

13ab

1 50, 예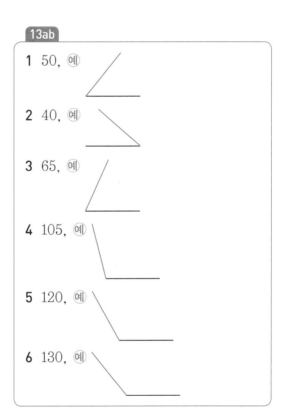
2 40, 예
3 65, 예
4 105, 예
5 120, 예
6 130, 예

14ab

1 예각	2 직각	3 둔각
4 직각	5 둔각	6 예각
7 둔각	8 직각	9 예각
10 둔각	11 예각	12 직각

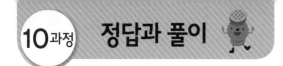

15ab

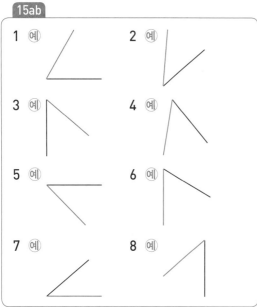

1 예   2 예
3 예   4 예
5 예   6 예
7 예   8 예

16ab

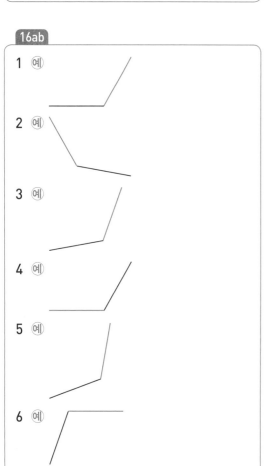

1 예
2 예
3 예
4 예
5 예
6 예

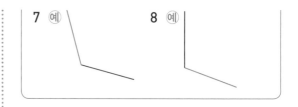

7 예   8 예

17ab

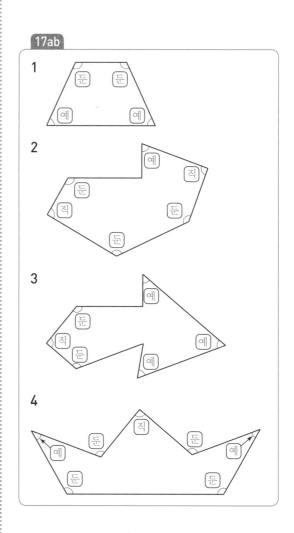

1
2
3
4

18ab

1 예각	2 직각	3 예각
4 둔각	5 직각	6 둔각
7 둔각	8 예각	9 직각
10 예각	11 둔각	12 예각

19ab

1 ⓐ 60, 60   2 ⓐ 75, 80
3 ⓐ 120, 120   4 ⓐ 130, 130
5 ⓐ 60, 70   6 ⓐ 45, 50
7 ⓐ 90, 90   8 ⓐ 140, 140

20ab

1 ⓐ

, 65

2 ⓐ
, 105

3 ⓐ
, 45

4 ⓐ
, 75

5 ⓐ
, 95

6 ⓐ
, 145

21ab

1 30, 50, 80   2 50, 60, 110
3 70, 60, 130   4 20, 30, 50
5 40, 50, 90   6 40, 90, 130

22ab

1 60, 35, 95   2 50, 65, 115
3 105, 30, 135   4 35, 40, 75
5 45, 85, 130   6 20, 55, 75

23ab

1 80   2 100   3 90   4 120
5 130   6 95   7 105   8 85
9 65   10 125 11 100 12 175
13 205 14 170 15 180 16 195

24ab

1 70   2 117   3 166   4 113
5 192   6 161   7 218   8 146
9 141   10 181 11 151 12 214
13 124 14 162 15 261 16 383

25ab

1 30, 70, 100   2 70, 100, 170
3 120, 30, 150   4 110, 40, 150
5 40, 50, 90   6 120, 60, 180

26ab

1 45, 120, 165   2 105, 35, 140
3 55, 100, 155   4 45, 80, 125
5 115, 30, 145   6 55, 75, 130

27ab

1 70, 30, 40   2 120, 40, 80
3 90, 30, 60   4 60, 20, 40
5 120, 70, 50   6 140, 70, 70

28ab

1 80, 35, 45   2 150, 65, 85
3 115, 50, 65   4 105, 65, 40
5 165, 25, 140   6 130, 45, 85

29ab

1	60	**2**	30	**3**	20	**4**	80
5	45	**6**	45	**7**	105	**8**	30
9	40	**10**	25	**11**	45	**12**	25
13	60	**14**	10	**15**	45	**16**	5

30ab

1	30	**2**	35	**3**	32	**4**	63
5	45	**6**	34	**7**	68	**8**	29
9	53	**10**	41	**11**	78	**12**	53
13	145	**14**	98	**15**	76	**16**	126

31ab

1 60, 20, 40   **2** 130, 50, 80
3 140, 70, 70   **4** 70, 20, 50
5 110, 40, 70   **6** 120, 70, 50

32ab

1 80, 55, 25   **2** 60, 35, 25
3 85, 65, 20   **4** 90, 45, 45
5 100, 55, 45   **6** 110, 95, 15

33ab

1 70, 50, 60, 180
2 55, 60, 65, 180
3 40, 70, 70, 180
4 80, 70, 30, 180
5 110, 35, 35, 180
6 65, 40, 75, 180

34ab

1	70	**2**	50	**3**	60
4	40	**5**	120	**6**	65
7	85	**8**	35		

〈풀이〉

1 $180°-40°-70°=70°$

2 $180°-100°-30°=50°$

3 $180°-50°-70°=60°$

4 $180°-50°-90°=40°$

5 $180°-20°-40°=120°$

6 $180°-65°-50°=65°$

7 $180°-35°-60°=85°$

8 $180°-55°-90°=35°$

35ab

1	100	**2**	90	**3**	70
4	130	**5**	105	**6**	75
7	95	**8**	55		

〈풀이〉

1 ㉠+㉡$=180°-80°=100°$

2 ㉠+㉡$=180°-90°=90°$

3 ㉠+㉡$=180°-110°=70°$

4 ㉠+㉡$=180°-50°=130°$

5 ㉠+㉡$=180°-75°=105°$

6 ㉠+㉡$=180°-105°=75°$

7 ㉠+㉡$=180°-85°=95°$

8 ㉠+㉡$=180°-125°=55°$

36ab

1 (왼쪽부터) 60, 90
2 (왼쪽부터) 90, 45
3 30   **4** 105   **5** 15   **6** 45

10 과정 **정답과 풀이**

〈풀이〉

4 $60°+45°=105°$

5 $60°-45°=15°$

6 $90°-45°=45°$

37ab

1 120, 60, 80, 100, 360
2 105, 60, 110, 85, 360
3 105, 95, 65, 95, 360
4 70, 100, 60, 130, 360
5 120, 60, 120, 60, 360
6 70, 75, 110, 105, 360

38ab

1 100	**2** 135	**3** 55
4 115	**5** 75	**6** 100
7 120	**8** 140	

〈풀이〉

1 $360°-80°-80°-100°=100°$

2 $360°-85°-80°-60°=135°$

3 $360°-100°-85°-120°=55°$

4 $360°-70°-90°-85°=115°$

5 $360°-115°-90°-80°=75°$

6 $360°-70°-120°-70°=100°$

7 $360°-90°-90°-60°=120°$

8 $360°-50°-85°-85°=140°$

39ab

1 240	**2** 190	**3** 190
4 180	**5** 130	**6** 155
7 145	**8** 205	

〈풀이〉

1 ㉠+㉡=$360°-70°-50°=240°$

2 ㉠+㉡=$360°-50°-120°=190°$

3 ㉠+㉡=$360°-80°-90°=190°$

4 ㉠+㉡=$360°-110°-70°=180°$

5 ㉠+㉡=$360°-120°-110°=130°$

6 ㉠+㉡=$360°-95°-110°=155°$

7 ㉠+㉡=$360°-85°-130°=145°$

8 ㉠+㉡=$360°-25°-130°=205°$

40ab

1 110	**2** 80	**3** 60
4 65	**5** 110	**6** 65
7 110	**8** 95	

〈풀이〉

※ 일직선을 이루는 각은 2직각(180°)임을 이용
합니다.

1

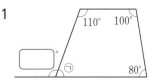

㉠=$360°-110°-80°-100°=70°$

□=$180°-70°=110°$

2

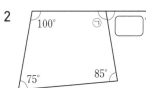

㉠=$360°-100°-75°-85°=100°$

□=$180°-100°=80°$

3

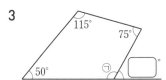

㉠=360°-115°-50°-75°=120°

□=180°-120°=60°

4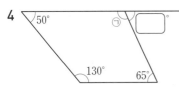

㉠=360°-50°-130°-65°=115°

□=180°-115°=65°

5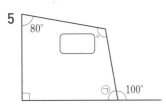

㉠=180°-100°=80°

□=360°-80°-90°-80°=110°

6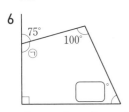

㉠=180°-75°=105°

□=360°-105°-90°-100°=65°

7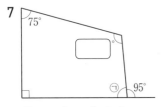

㉠=180°-95°=85°

□=360°-75°-90°-85°=110°

8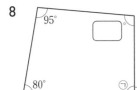

㉠=180°-90°=90°

□=360°-95°-80°-90°=95°

성취도 테스트

1 (2)(1)(3)
2 40
3 115
4 예

5 70, 예

6 ㉢, ㉺
7 (1) 예각   (2) 둔각
8 40, 115, 155 / 115, 40, 75
9 85
10 75
11 150
12 60

〈풀이〉

6 90°보다 크고 180°보다 작은 각을 찾으면
㉢, ㉺입니다.
㉠, ㉣: 예각
㉡: 직각

8 40°+115°=155°
115°-40°=75°

9 180°-55°-40°=85°

10 30°+45°=75°

11 360°-85°-125°=150°

12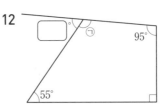

㉠=360°-55°-90°-95°=120°
□=180°-120°=60°